Bibliografische Information der Deutschen Nationalbibliothek:

Die Deutsche Bibliothek verzeichnet diese Publikation in der Deutschen National-bibliografie; detaillierte bibliografische Daten sind im Internet über http://dnb.d-nb.de/ abrufbar.

Impressum:

Copyright © 2011 GRIN Verlag, Open Publishing GmbH
Druck und Bindung: Books on Demand GmbH, Norderstedt Germany
ISBN: 9783656882374

Dieses Buch bei GRIN:

http://www.grin.com/de/e-book/287871/umrechnen-der-hohlmasse-liter-und-milli-liter-3-klasse

Stefanie Maurer

Umrechnen der Hohlmaße Liter und Milliliter (3. Klasse)

GRIN Verlag

GRIN - Your knowledge has value

Der GRIN Verlag publiziert seit 1998 wissenschaftliche Arbeiten von Studenten, Hochschullehrern und anderen Akademikern als eBook und gedrucktes Buch. Die Verlagswebsite www.grin.com ist die ideale Plattform zur Veröffentlichung von Hausarbeiten, Abschlussarbeiten, wissenschaftlichen Aufsätzen, Dissertationen und Fachbüchern.

Besuchen Sie uns im Internet:

http://www.grin.com/

http://www.facebook.com/grincom

http://www.twitter.com/grin_com

Inhaltsverzeichnis

1. Situationsanalyse

1.1 Struktur der Schule

Die x-Schule in x ist seit diesem Schuljahr eine Grund- und Neue Werkrealschule mit einer Außenstelle. Sie wird derzeit von ca. 310 Schülern[1] besucht. Während sich die Jahrgangsstufen fünf, sechs und eine Klassenstufe sieben in der Außenstelle befinden, werden an der x-Schule die Jahrgangsstufen eins bis vier und acht bis zehn (und eine Klassenstufe sieben) unterrichtet.

x ist ein Teilort der Gemeinde y. Das Einzugsgebiet der Grundschule beschränkt sich auf die Teilorte x und y. Ein Großteil der Kinder kommt aus x und kann daher zu Fuß zur Schule gehen. Die Schüler, die aus y stammen, werden von einem Linienbus zum Unterricht gebracht. Das Einzugsgebiet der Werkrealschule x umfasst alle Teilorte der Gemeinde y. Dazu gehören unter anderem a, b, c, d und e.

In einem gut ausgestatteten Schulgebäude arbeiten sieben Grundschulklassen (davon eine E-Klasse) und sechs Werkrealschulklassen. Mit Ausnahme der 10. Klasse sind in der Werkrealschule alle Klassen zweizügig. In der Grundschule hingegen sind die Klassen eins und zwei einzügig und die Klassen drei und vier zweizügig. Das Kollegium umfasst etwa 40 Lehrer und Lehrerinnen, vier Lehramtsanwärter sowie zwei Pfarrer. Darüber hinaus sind ein Schulsozialarbeiter und eine pädagogische Assistentin an der Schule tätig.

Die x-Schule setzt sich aus dem Hauptgebäude und einem Neuanbau zusammen. Im Hauptgebäude befinden sich die einzelnen Klassenzimmer sowie das Lehrerzimmer, während im Anbau ein Computerraum, eine Bewegungshalle, eine Schülerbücherei, ein Besprechungs- sowie Medienraum und die Mensa untergebracht sind.

Zusätzlich zum regulären Unterricht bietet die Schule eine Ganztagesbetreuung an, die sich in einem vielseitigen Programm an frei wählbaren Arbeitsgemeinschaften wiederspiegelt. Hierzu gehören beispielsweise eine Experimente-AG, Akrobatik-AG, eine Computer-AG, Hip-Hop-Dancing-AG und viele mehr, die zur individuellen Förderung der Begabungen der Kinder beitragen.

Das Klassenzimmer der Klasse 3 befindet sich im Erdgeschoss des Hauptgebäudes der Schule. Es ist mit zwei Tafeln ausgestattet, wobei die Tafel an der Seite dem Aufschreiben der Hausaufgaben dient, sowie dem Festhalten der einzelnen Klassendienste. Das Klassenzimmer bietet genügend Raum für Sozialformen wie

---

[1] Aus Gründen der einfacheren Lektüre wird in der gesamten Ausarbeitung auf die Verwendung weiblicher Morpheme verzichtet.

beispielsweise einen Sitzkreis. Im hinteren Teil des Zimmers befinden sich ein Sofa, zusätzliche Tische sowie Regale, die als Ablagemöglichkeit für Freiarbeitsmaterialien oder Ähnliches genutzt werden können. Weiterhin verfügt die Klasse über ihre eigene kleine Schülerbücherei, die in Regalen ebenfalls im hinteren Teil des Zimmers angesiedelt ist und den Kindern die Möglichkeit bietet Bücher für zu Hause auszuleihen. Die Tische der Schüler stehen in einer U-Form, wodurch jedes Kind eine gute Sicht zur Tafel hat und auch die Lehrerin die gesamte Klasse optimal überblicken kann.

1.2 Struktur der Klasse

1.2.1 Zusammensetzung der Klasse

Die Klasse 3 der x-Schule besteht aus 18 Schülern. Davon sind elf Mädchen und sieben Jungen.

Es befinden sich fünf Kinder mit Migrationshintergrund in der Klasse, wovon drei aus der Türkei stammen und zwei aus Bosnien-Herzegowina. Zu Schuljahresbeginn kamen zwei neue Kinder in die Klasse – zum einen der Schüler x, der momentan die dritte Klasse wiederholt und zum anderen die Schülerin y, die zuvor eine Förderschule besuchte.

1.2.2 Leistungs- und Arbeitsverhalten

Die Atmosphäre, die in dieser Klasse vorherrscht, kann meist als harmonisch bezeichnet werden. Jedoch lässt bei manchen Kindern das Sozialverhalten zu wünschen übrig. Es treten immer wieder Streitereien unter den Schülern auf, die ohne die Lehrperson meist nicht gelöst werden können. Es scheint, dass die Schüler des Öfteren Probleme haben sich gegenseitig zu akzeptieren und zu respektieren. Dies spiegelt sich vor allem in Partner- oder Gruppenarbeitsphasen wieder. Daher müssen immer wieder während des Unterrichts klärende Gespräche geführt werden, um die Situation in der Klasse zu entspannen. Des Weiteren wird derzeit einmal pro Woche unter Anleitung eines Sozialarbeiters soziales Lernen in der Klasse praktiziert. Bezüglich des Arbeitsverhaltens ist zu erwähnen, dass sich die Schüler während des Unterrichts meist sehr lernfreudig und interessiert verhalten. Nahezu alle Schüler weisen eine sehr hohe Leistungsbereitschaft auf. Es gibt jedoch auch ein paar Kinder, die etwas unruhig sind. Diesen fällt es besonders schwer sich an Regeln zu halten, wie beispielsweise sich vor Beiträgen mit Handzeichen zu melden.

Das Leistungsniveau sowie das Arbeits- und Lerntempo ist in dieser Klasse sehr unterschiedlich ausgeprägt. Daher ist eine differenzierte Unterrichtsgestaltung unbedingt notwendig.

1.2.3 Arbeits- und Sozialformen

Die Schüler kennen bereits verschiedene Arbeitstechniken, wie Lernen an Stationen bzw. an der Lerntheke oder das freie Arbeiten, wie beispielsweise Wochenplanarbeit. Auch Einzel-, Partner- und Gruppenarbeit werden im Unterricht immer wieder praktiziert. Weiterhin ist den Kindern der Sitzkreis als gängige Sozialform bekannt. Ebenfalls wurde mittlerweile der sogenannte „Kinositz" eingeführt, der den Schülern eine bessere Sicht auf mitgebrachte Lerngegenstände gewährleisten soll.

Rituale und Regeln werden in dieser Klasse oft angewandt. So gibt es zum Beispiel verschiedene Klassendienste, wie den Austeil-, Tafel-, oder Aufräumdienst, die von den Schülern selbstständig ausgeführt werden. Weiterhin befindet sich im Klassenzimmer ein Plakat, welches die Kinder stets an die ihnen bekannten Klassenregeln erinnern soll. Diese wurden mit den Schülern zu Beginn des Schuljahres gemeinsam erarbeitet und anschließend von der gesamten Klasse sowie auch von allen in dieser Klasse unterrichtenden Lehrkräften unterschrieben. Die Schüler sind es außerdem gewohnt, ihre Namen an die seitliche Pinnwand zu hängen, sobald sie eine Aufgabe erledigt haben und diese durch die Lehrperson korrigiert werden soll. Sie sind es hingegen ebenso gewohnt eine Selbstkontrolle durchzuführen. Als Zeichen zur Ruhe oder zur Einholung der Aufmerksamkeit wird eine Klangschale verwendet. Des Weiteren ist der Klasse die Handhabung sogenannter Smileys geläufig. Diese können zur Belohnung eingesetzt werden, was bedeutet, wenn ein Schüler etwas besonders gut macht, kann dieser mit einem Smiley dafür belohnt werden. Weiterhin sind die Klassensmileys zu nennen, die ausgehändigt werden, sobald die gesamte Klasse für etwas zu belohnen ist. Hat ein einzelner Schüler oder auch die Klasse als Ganzes insgesamt zehn Smileys gesammelt, können sie diese bei der Lehrperson einreichen und sich dafür materielle Dinge auswählen oder gar einen Ausflug im Rahmen der gesamten Klasse wünschen.

Jedoch können diese Smileys ebenso auch als Konsequenz für inakzeptables Verhalten ihren Nutzen finden, indem sie Kindern, die beispielsweise negativ im Unterricht auffallen, abgenommen werden. Vor kurzem wurde nun auch noch der sogenannte „Zeiträuber" eingeführt. Dieser wird im Falle einer Unterrichtsstörung dem jeweiligen Schüler auf den Tisch gelegt und signalisiert ihm eine erste Verwarnung.

Stört dieser Schüler erneut, bekommt er einen weiteren Zeiträuber und muss sich bis zum nächsten Tag eine Wiedergutmachung überlegen. Außerdem wird der Zeiträuber in Form eines kurzen Berichts dem jeweiligen Schüler mit nach Hause gegeben, um von den Eltern unterschrieben zu werden.

1.2.4 Einzelne Schülerpersönlichkeiten

Im folgenden Abschnitt möchte ich nun noch auf einzelne Schüler zu sprechen kommen, die mir persönlich als auffällig erscheinen.

Hierzu gehört a, die im letzten Schuljahr neu in die Klasse kam. Sie hat Probleme sich während einer Arbeitsphase zu konzentrieren, lässt sich sehr leicht ablenken und arbeitet daher oft nur sehr langsam. Auch bedarf es ihr immer wieder zusätzlicher Erklärungen sowie Aufforderungen zum Weiterarbeiten. Weiterhin fällt sie des Öfteren negativ im Unterricht auf, besonders wenn es um das Arbeiten in Gruppen geht, da sie andere Kinder stört oder gar ärgert.

Auffallend ist auch der Schüler b. Dieser beteiligt sich zwar meist rege am Unterrichtsgeschehen, hat sonst jedoch starke Probleme sich zu disziplinieren und fällt daher immer wieder negativ durch Seitengespräche im Unterricht auf. Man könnte sagen, dass er die typische Rolle eines „Klassenclowns" erfüllt. Momentan sitzt er daher an einem Einzeltisch, wodurch seine Konzentrations- bzw. Disziplinierungs-probleme sowie die ständigen Versuche seine Klassenkameraden abzulenken, abgenommen haben.

c, der einen türkischen Migrationshintergrund besitzt, ist sprachlich sehr schwach, in Mathematik selbst jedoch, verfügt er über gute Leistungen.

d, die ebenfalls einen türkischen Migrationshintergrund aufweist, kam Anfang des Schuljahres neu in die Klasse und hatte zuvor eine Förderschule besucht. Sie weist einige sprachliche Defizite auf, weshalb es immer wieder zu Verständnisschwierig-keiten kommt. Daher muss in Gesprächen mit ihr darauf geachtet werden, sehr langsam und deutlich zu sprechen. Bezüglich ihrer Leistungen im Fach Mathematik, ist sie momentan eher als schwach einzustufen.

Die beiden Schülerinnen e und f sind zu nennen, da sie durch ihr besonders schnelles Arbeits- und Lerntempo auffallen.

2. Sachanalyse

2.1 Allgemeine Informationen zu Größen und Größenbereichen

Eine Größe ist eine objektiv messbare Eigenschaft eines Objekts. Dies bedeutet, einem Objekt wird durch einen **Messprozess** d.h. durch das systematische Vergleichen mit einer Maßeinheit eine Maßzahl zugeordnet. Folglich setzt sich eine Größe immer aus einer **Maßzahl** und der jeweiligen **Maßeinheit** zusammen. Es wird unterschieden zwischen dem Objekt selbst (Repräsentant) und seiner Eigenschaften (Größen). Aufgrund der Tatsache, dass ein Objekt viele verschiedenen Eigenschaften besitzt, ist es von Notwendigkeit zu abstrahieren und sich auf eine dieser Eigenschaften zu spezialisieren, wie beispielsweise auf seine Länge. Diese bestimmte Größe ist wiederum keine absolute, sondern eine relative Eigenschaft. Dies bedeutet, sie bekommt erst durch den Vergleich mit einem „gleichartigen" Objekt eine Bedeutung. Größen können somit erst durch die Einordnung in einen Größenbereich als Größe bezeichnet werden. Da es offensichtlich verschiedene Arten von Größen gibt, sind diese in verschiedenen Größenbereichen zusammengefasst. So können beispielsweise manche Größen miteinander verglichen werden, andere nicht. Während 3kg und 6kg eindeutig vergleichbar sind, ist das Vergleichen von 3kg und einem Meter sinnlos. Vergleichbare Größen bilden daher einen **Größenbereich**. Demzufolge ist eine Größe ein Element eines Größenbereichs. Die Größen eines Größenbereichs können eindeutig sowohl indirekt als auch direkt miteinander verglichen werden. Demnach sind zwei Größen entweder gleich oder die eine Größe ist kleiner oder größer als die andere. Ebenso können Größen eines Größenbereichs addiert bzw. zusammengefügt werden (vgl. Baireuther, 1999, S. 94 ff., Baireuther, 2000, S. 17 f. & Franke, 2003, S. 196 ff.).

Grundschulrelevant sind insbesondere Längen, Gewichte, Geldwerte, Zeitdauern sowie Flächen- und Rauminhalte. Hier wird nun genauer der Größenbereich Rauminhalte bzw. Hohlmaße fokussiert.

2.2 Größenbereich: Hohlmaße

Das Hohlmaß zählt folglich zu den Größen. Um eine solche Größe zu messen, wird sie, wie zuvor bereits erwähnt, mit einer genau definierten Einheit dieser Größe verglichen. Demzufolge ist jede Größe immer ein Produkt aus einer Zahl, der Maßzahl (reelle Zahl) und einer Einheit.

Das Hohlmaß bzw. Raummaß ist demzufolge eine (Maß)einheit, die die Größe eines Raumes, eines Rauminhalts oder eines Fassungsvermögens angibt. Dienen Raummaße dazu Flüssigkeiten abzumessen, werden sie als Hohlmaße bezeichnet, da mit ihnen das „Hohle" eines Gefäßes ausgemessen wird (vgl. http://www.duden.de/definition/hohlmaß).

Die Basiseinheit des Hohlmaßes ist der **Liter** (Einheitszeichen: l). Weitere Maßeinheiten sind der **Hektoliter** (hl), der **Deziliter** (dl), der **Zentiliter** (cl) und der **Milliliter** (ml) (vgl. http://ne.lo-net2.de/selbstlernmaterial/m/s1ar/grho/ho_gw.pdf). Raum- und Hohlmaße werden oft gemeinsam im selben Zusammenhang angegeben. So können Hohlmaße sowohl in Litern als auch in Kubikmetern angegeben werden. Dementsprechend gilt: „1 Liter ist der Rauminhalt eines Würfels mit 1 Dezimeter Kantenlänge (1 l = 1 dm^3 = 1000 cm^3)" (Radatz et al., 1999, S. 241). Flüssigkeiten werden demnach in Litern oder Kubikzentimetern angegeben, wohingegen lose Lebensmittel wie beispielsweise Reis, Zucker oder Mehl in Gramm wiedergegeben werden.

Für die aktuelle Stunde sind hauptsächlich die Hohlmaße Milliliter und Liter relevant.

Repräsentanten für Hohlmaße sind Gefäße und Körper (vgl. Krauthausen & Scherer, 2007, S.102). Die Bestimmung der Menge einer Flüssigkeit wird durch skalierte Messgefäße realisiert. Dazu dienen Gefäße wie Messzylinder, Pipette sowie Messbecher, Ess- und Teelöffel als Maße in der Küche.

Für die **Notation** von Hohlmaßen gibt es drei Möglichkeiten:

- die alleinige Verwendung der kleineren Einheit z.B. 1500 ml
- die gemischte Schreibweise z.B. 1 l 500 ml
- die Dezimalschreibweise bzw. Kommaschreibweise z.B. 1,500 l.

Um das Hohlmaß eines Repräsentanten in einer anderen Maßeinheit anzugeben, muss diese zunächst umgeformt bzw. umgewandelt werden. Hierbei wird für dieselbe Größe lediglich eine andere Bezeichnung geschrieben (z.B. 3 l = 3000 ml). Die **Umrechnungszahl** zwischen den Hohlmaßen l und ml beträgt 1000 (1 l = 1000 ml) (vgl. http://schule-brugg.ch/hallwyler/bezsite/fach/math/theorie/Theorie%201.%20 Klasse.PDF).

3. Didaktische Analyse

3.1 Didaktische Überlegungen

3.1.1 Gegenwartsbedeutung

In ihrer Lebensumwelt treffen Kinder täglich auf den Größenbereich Hohlmaße. So begegnet ihnen dieser beispielsweise in Form von Getränkeflaschen, Milchtüten, Ketchupflaschen, Duschgel- oder Shampoobehälter und vielem mehr. Diese Auseinandersetzung mit Hohlmaßen geschieht jedoch eher unbewusst. Aber auch im häuslichen Bereich begegnen Kinder immer wieder Hohlmaßen. So zum Beispiel wenn sie ihren Eltern beim Kochen oder Backen helfen. Durch Tätigkeiten wie etwa das Abmessen von Milch erleben die Schüler eine bewusste Auseinandersetzung mit Hohlmaßen bzw. Volumen und bauen so erste Vorstellungen bezüglich Liter und Milliliter auf. Die Kinder kommen folglich nicht nur mit den Maßeinheiten für Hohlmaße in Berührung, sondern machen zugleich auch erste Erfahrungen im Umgang mit dem Messbecher.

Das Unterrichtsthema sowie der situative Rahmen dieser Stunde, der das Backen und insbesondere das Bearbeiten bzw. die Auseinandersetzung mit verschiedenen Muffinrezepten thematisiert, greift also eine reale Situation der kindlichen Lebenswelt auf und kommt damit einer wichtigen Forderung des Bildungsplanes nach.

3.1.2 Zukunftsbedeutung

Die Entwicklung von Größenvorstellungen sowie das sichere hin und her übersetzen zwischen den verschiedenen Maßeinheiten bzw. das Umrechnen von einer Maßeinheit in eine andere, ist für die Kinder gegenwärtig sowie zukünftig von großer Bedeutung. So werden die Schüler Größenvorstellungen benötigen, wenn es beispielsweise um das eigenständige Backen und Kochen geht. Hierbei sollten sie das Umrechnen von einer Einheit in eine andere beherrschen, um zum Beispiel Flüssigkeiten wie Milch, Öl oder andere Zutaten abmessen oder portionieren zu können, wenn zum Beispiel ein Rezept andere Maßangaben enthält, als der verfügbare Messbecher anzeigt.

3.1.3 Zugänglichkeit

Die Kinder haben bereits einige Vorerfahrungen sowohl zur Kommaschreibweise als auch zum Umrechnen innerhalb verschiedener Größenbereiche gesammelt. Dementsprechend können sie ihr bereits erworbenes Wissen insbesondere bezüglich des Größenbereichs Gewichte auf den Größenbereich Hohlmaße übertragen, da die

Umrechnungszahl zwischen den Gewichtseinheiten Kilogramm und Gramm identisch mit der Umrechnungszahl der Hohlmaße Liter und Milliliter ist. Daher wird dieses Thema den meisten Kindern gut zugänglich sein. Des Weiteren entspricht die gegenwärtige Stunde einer Anwendungssituation, die an die Lebenswelt der Kinder anknüpft, was ihnen ebenso den Zugang zu dieser Stundenthematik erleichtern sollte und sie gleichzeitig zum Umrechnen von Hohlmaßen motiviert.

3.2 Vorkenntnisse der Schüler

Die Schüler haben bereits die verschiedenen Größenbereiche Geld, Längen und Gewichte kennengelernt.

Bezüglich des Größenbereichs Hohlmaße haben die Schüler in den vorherigen Stunden einige Schätz- und Messversuche durchgeführt und dadurch erste Größenvorstellungen in diesem Bereich entwickelt. Weiterhin haben sie durch das Messen mit standardisierten Einheiten die Beziehung 1l = 1000 ml kennengelernt. Hinsichtlich des Umrechnens von Litern und Millilitern haben die Kinder jedoch noch keine Erfahrungen gemacht.

Betreffend der Kommaschreibweise haben die Kinder bereits die Kommaschreibweise von Geldbeträgen, Längen sowie von Gewichten kennengelernt. Diese bereits erworbenen Kompetenzen können nun auf die Kommaschreibweise von Hohlmaßen übertragen werden, sodass in der aktuellen Stunde an dieses Vorwissen angeknüpft werden kann.

3.3 Auswahl und Begrenzung der Stunde

In dieser Stunde geht es nach der Einführung der Beziehung 1000 ml = 1 l und dem Kennenlernen der verschiedenen Schreibweisen von Litern und Millilitern (Liter, Liter und Milliliter, Kommaschreibweise), nun um eine Übungsstunde zum sicheren Umrechnen der oben genannten Einheiten. Dabei werden im Sinne der kumulativen Aufgaben Gewichtsangaben, die in den zu bearbeitenden Muffinrezepten ebenso enthalten sind, bewusst nicht ausgeklammert, sondern der neu zu bearbeitende Stoff (Umrechnen von Hohlmaßen) wird mit einem schon länger zurückliegenden Stoff (Umrechnen von Gewichten) verbunden (vgl. Beck, 2007, S. 3). Dies stellt auch gleichzeitig eine gute Wiederholung für die Schüler dar.

In den vorangegangenen Stunden wurde Wert auf das handelnde Erfahren, wie etwa Schätz- und Messübungen in Verbindung mit der Entwicklung von

Größenvorstellungen gelegt. In dieser Stunde wird das Hauptaugenmerk auf unterschiedliche Übungen zum Angeben der verschiedenen Schreibweisen von Hohlmaßen gelegt, welche zum flexiblen Umgang mit diesen beitragen sollen. Dies findet einerseits enaktiv statt, indem die Schüler beispielsweise den Rauminhalt eines Gefäßes schätzen und anschließend durch Umfüllen mit einem Messbecher überprüfen. Das Messergebnis wird daraufhin sowohl zeichnerisch dargestellt als auch in den verschiedenen Schreibweisen festgehalten, um den Transfer auf die ikonische und symbolische Ebene zu leisten. Diese Aufgabe wird als Pflichtstation gekennzeichnet sein, um noch einmal jedem Schüler die Chance zu geben, seine Größenvorstellungen bezüglich Rauminhalten bzw. Hohlmaßen zu festigen. Der Schwerpunkt in dieser Stunde liegt jedoch eindeutig auf der symbolischen Ebene, da die enaktive als auch die ikonische Ebene insbesondere in den vorherigen Stunden ihre Berücksichtigung fanden.

3.4 Einbettung des Stundenthemas in die Unterrichtseinheit

1.-2. Stunde: Unmittelbare und mittelbare Vergleiche von Gefäßen
Erkundung des Rauminhalts verschiedener Gegenstände bzw. Gefäße aus der Lebenswelt der Kinder durch Schätz- und Messübungen – zunächst durch unmittelbares Vergleichen durch Umfüllen mit Wasser sowie durch mittelbare Vergleiche mit nicht standardisierten Einheiten.
Ziel: Entwickeln erster Größenvorstellungen durch die Überprüfung der Rauminhalte formungleicher Gefäße durch Umfüllen von Wasser sowie durch das Messen mit nicht standardisierten Rauminhaltsmaßen.

3. Stunde: Einführung der standardisierten Einheiten Liter und Milliliter
Liter und Milliliter als standardisierte Einheiten kennenlernen sowie die Beziehung 1000 ml = 1 l.
Kennenlernen der Skala eines Messbechers und den Umgang mit dieser im Messprozess erproben.
Ziel: Ermittlung des genauen Rauminhaltes von Gefäßen in Liter und Milliliter durch die Verwendung der Einheiten auf der Messbecherskala.

4. Stunde: Übungen zum Schätzen und Messen mit Liter und Milliliter

Rauminhalte verschiedener Gefäße schätzen und durch Umfüllen mit dem Messbecher überprüfen. Unterschiedliche Gefäße ermitteln, die ungefähr ein Liter (500 ml, 250 ml,…) fassen.

Ziel: Mehr Sicherheit im Umgang bzw. Abmessen mit dem Messbecher sowie im genauen Ablesen von Milliliterangaben auf der Messbecherskala.

Weiterentwicklung der Größenvorstellungen zu Liter und Milliliter durch das Suchen nach unterschiedlichen Gefäßen, die für Liter und Milliliter als Repräsentanten dienen können.

5. Stunde: Einführung der verschiedenen Schreibweisen von Hohlmaßen

Gefäßen aus dem Alltag passende Rauminhalte zuordnen. Hohlmaße in verschiedenen Schreibweisen angeben und der Größe nach ordnen (erste Beispiele zum Umrechnen von Hohlmaßen im Plenum).

Ziel: Kennenlernen der verschiedenen Schreibweisen von Hohlmaßen (Liter, Liter und Milliliter, Kommaschreibweise).

6. Stunde: Übungen zum Umrechnen von Hohlmaßen (Liter und Milliliter)

7.-8. Stunde: Wir backen gemeinsam Muffins (Doppelstunde in Verbindung mit MNK)

9.-10. Stunde: Wir berechnen unseren täglichen Wasserverbrauch – Rechnen mit Hohlmaßen

3.5 Unterrichtsprinzipien

3.5.1 Allgemein-Didaktische Prinzipien

Prinzip der Selbstständigkeit

Durch die selbständige Wahl des Schwierigkeitsgrades einer Aufgabe, durch die eigenständige Einteilung der Zeit und durch die Selbstkontrolle soll die Selbstständigkeit bzw. Eigenverantwortlichkeit der Schüler gefördert werden.

Prinzip der Differenzierung

Aufgrund der unterschiedlichen Lernvoraussetzungen der Schüler, wird in der Erarbeitungsphase eine Differenzierung integriert (verschiedene Schwierigkeitsgrade der Aufgaben der Lerntheke).

3.5.2 Mathematik-Didaktische Prinzipien

Prinzip der Anwendungsorientierung

Aufgrund des Vorhabens in den nachfolgenden Unterrichtsstunden mit der Klasse gemeinsam Muffins zu backen und nun in der gegenwärtigen Stunde die Rezepte dafür zu bearbeiten, entsteht in dieser Stunde ein Alltagsbezug, da diese Thematik aus der Lebenswelt der Schüler stammt. Mathematische Verfahren wie das Umrechnen von Größen, in diesem Fall Hohlmaße, werden mit Alltagserfahrungen der Schüler in Zusammenhang gebracht. Auf diese Weise lernen die Kinder mathematische Aspekte in ihrer Lebensumwelt wahrzunehmen und zu entdecken.

E-I-S-Prinzip

In der aktuellen Stunde werden die Schüler den Lerngegenstand einerseits auf der enaktiven Ebene erfahren, indem sie den Rauminhalt eines Gefäßes ausmessen. Andererseits werden sie Messergebnisse auch zeichnerisch darstellen bzw. zeichnerische Darstellungen verschiedenen Maßangaben zuordnen, was wiederum die ikonische Ebene wiederspiegelt. Vor allem werden die Schüler jedoch den Lerninhalt auf die symbolische Ebene transferieren, indem sie Hohlmaße umrechnen und in der jeweilig korrekten Schreibweise darstellen, was auch gleichzeitig den Schwerpunkt in dieser Stunde bildet.

3.6 Bezug zum Bildungsplan

Eine der zentralen Aufgaben des Mathematikunterrichts ist es, die Kinder für den mathematischen Gehalt alltäglicher Situationen und Phänomene sensibel zu machen und sie somit zum Problemlösen mit mathematischen Mitteln anzuleiten. Aufgrund der ausgewählten, anwendungsorientierten Thematik Muffins zu backen und die Rezepte dafür vorzubereiten, setzen sich die Schüler in der aktuellen Stunde mit einer Situation aus dem alltäglichen Leben auseinander und finden darin authentische Fragen bzw. Probleme, die mathematisch gelöst werden müssen (vgl. Bildungsplan, 2004, S. 54). Dementsprechend werden die Kinder also dazu angeregt, „ihr fachliches Wissen über Größen zur Klärung [...] zu nutzen" (ebd., S. 55).

Kompetenzen wie die Vorstellung über Größen und deren Bedeutung und Anwendung im alltäglichen Leben gehören neben anderen unabdingbaren Kenntnissen zum mathematischen Grundwissen, welche die Schüler im Mathematikunterricht erwerben sollen und die es nun gilt in dieser Stunde zu fordern und zu fördern (vgl. ebd., S. 54).

Das Stundenthema Umrechnen von Hohlmaßen ist im Bildungsplan 2004 der Leitidee „Messen und Größen" zuzuordnen. In der aktuellen Stunde werden die Schüler „ihr Wissen über den strukturellen Zusammenhang von Maßeinheiten bei der Umwandlung von Größenangaben in benachbarten Einheiten anwenden" (ebd., S. 60). Zu Beginn dieser Stunde, hinsichtlich der anwendungsorientierten Problemstellung, aber auch während der Arbeitsphase sollen die Schüler „ihr Wissen und Können im Umgang mit Größen zur Klärung realistischer, kindgemäßer Sachverhalte nutzen" sowie „mit Maßzahlen und Maßeinheiten sachangemessen rechnen" (ebd.). Sowohl im Einstieg als auch in der Arbeitsphase wird darauf Wert gelegt, Formen handlungsorientierten Arbeitens zu integrieren, da dies Voraussetzung für verstehenden Mathematikunterricht ist (vgl. ebd., S. 56). Dabei wird in Phasen des Unterrichtsgespräches stets darauf geachtet, die Schüler dazu anzuregen, ihr Vorgehen zu verbalisieren und dieses zu reflektieren. Während der Arbeitsphase können Aufgaben konkret handelnd mit Material gelöst werden, wie es in der vorgesehenen Partnerarbeit der Fall ist, in der die Schüler den Rauminhalt einer Schüssel ausmessen und ihren Messprozess anschließend reflektieren, indem sie ihre Schätz- und Messergebnisse miteinander vergleichen. Ebenso können Aufgaben auch abstrakt auf der symbolischen Ebene gelöst werden, was in dieser Stunde hauptsächlich seine Gewichtung findet.

Außerdem werden die Schüler zu Anfang der Stunde, während der Partnerarbeitsphase sowie in der Ergebnissicherung, stets dazu angeregt über ihre Ideen und Lösungswege zu kommunizieren, was wiederum zum Aufbau und zur Schulung der Sprachkompetenz beiträgt (vgl. Bildungsplan, 2004, S. 56).

3.7 Lernziele

Stundenziel: Die Schüler sollen das Umrechnen der Hohlmaße Liter und Milliliter sicher beherrschen.

Feinziele:

kognitiv:

Die Schüler:

- festigen ihre Größenvorstellungen zu den Einheiten Liter und Milliliter.
- können Hohlmaße auf verschiedene Weise angeben (in Milliliter, in Liter und Milliliter und in Kommaschreibweise).
- können Hohlmaße in benachbarte Einheiten umwandeln (Liter in Milliliter, Milliliter in Liter).

erzieherisch:

Die Schülerinnen und Schüler sollen:

- miteinander kooperieren und kommunizieren.
- lernen sich gegenseitig zuzuhören.

Erzieherische Ziele sind als langfristige Ziele anzusehen und können daher nicht innerhalb einer Stunde realisiert werden.

4. Methodische Analyse

4.1 Einstieg bzw. Aufgaben- und Problemstellung

Zu Beginn der Stunde begrüße ich die Kinder und fordere sie dazu auf den Besuch ebenfalls zu begrüßen. Anschließend bitte ich die Schüler den ihnen bereits bekannten Kinositz zu bilden.

Als Einstieg in das Thema Umrechnen von Hohlmaßen werden die Kinder an das gemeinsame Vorhaben erinnert, in den kommenden Unterrichtsstunden zusammen Muffins zu backen und dass nun heute noch einige Vorbereitungen dafür getroffen werden müssen. Dafür zeige ich den Schülern ein mögliches Muffinrezept, das wir gemeinsam backen könnten und stelle einen Messbecher daneben, der allerdings andere Maßeinheiten enthält als das Rezept angibt. Die Schüler sollen wenn möglich selbst auf diese Tatsache stoßen und ihr weiteres Vorgehen beschreiben bzw. ihre Lösung für das Problem darlegen. Dabei sollen sie erkennen, dass die Hohlmaße aus dem Rezept zunächst in dieselbe Maßeinheit umgewandelt werden müssen, die der Messbecher anzeigt, um diesen verwenden zu können. Anschließend schreiben die Schüler die umgewandelten Hohlmaße auf Kärtchen. Daraufhin zeige ich ihnen einen weiteren Messbecher, allerdings mit Angaben in Millilitern, da unsere Schule nur diese Art von Messbehältern zur Verfügung hat und frage sie, ob wir diesen auch verwenden könnten. Ziel ist es, dass die Kinder am Ende dieser Phase die ausgewählten Rezeptangaben in allen drei Schreibvariationen (in Milliliter, in Liter und Milliliter und in Kommaschreibweise) ermittelt bzw. vor sich liegen haben.

Diese Hinführung zum Thema dient der Wiederholung des Umrechnens von Hohlmaßen in benachbarte Einheiten sowie der unterschiedlichen Schreibweisen dieser.

Alternativ hätte ich mit den Schülern das Umrechnen von Hohlmaßen auch ohne einen konkreten Anwendungsbezug behandeln können. Ich habe mich jedoch ganz bewusst für diesen situativen Rahmen entschieden, da der Ausblick, in den nachfolgenden Unterrichtsstunden tatsächlich Muffins zu backen, die Kinder für die Arbeitsphase und das Umrechnen der Rezeptangaben motivieren soll und zudem einen emotionalen Zugang zu dieser Thematik schafft. Des Weiteren ist den Kindern das übergeordnete Rahmenthema, das Backen von Muffins, sicherlich von Zuhause bekannt und stammt somit direkt aus ihrer Lebenswelt. Dies schafft einerseits einen Realitätsbezug und weckt andererseits das Interesse der Kinder.

Als Überleitung in die sich daran anschließende Arbeitsphase werde ich die Kinder darauf aufmerksam machen, dass ich noch ein anderes Muffinrezept mitgebracht habe und dass ich dieses gerne mit ihnen gemeinsam backen möchte, aber dass sie auch bei diesem erst noch ein paar Dinge verändern müssen, bevor wir es nutzen und mit dem Backen loslegen können.

4.2 Arbeitsphase

Im nächsten Schritt werde ich die darauffolgende Lerntheke erklären. Ich mache die Schüler darauf aufmerksam, dass sie zwei Arbeitsblätter als Pflichtaufgabe (grün gekennzeichnet) zu erledigen haben. Bei einer der beiden Aufgaben geht es darum, dass sich die Kinder noch einmal handelnd mit dem Lerngegenstand auseinandersetzen. Dabei sollen sie den Rauminhalt der Schüssel für den Muffinteig bestimmen – zunächst durch Schätzen und anschließend durch Messen mit dem Messbecher, indem sie Wasser umfüllen. Ihr Messergebnis übertragen die Schüler in eine Tabelle und stellen es einerseits symbolisch, in allen drei Schreibweisen (in Milliliter, in Liter und Milliliter und in Kommaschreibweise) als auch bildlich dar. Diese Aufgabe soll noch einmal zur Festigung der Größenvorstellungen bezüglich Hohlmaßen beitragen. Sie wird aus organisatorischen Gründen an extra Gruppentischen bearbeitet, an welchen zehn Kinder gleichzeitig arbeiten können. Das bedeutet, ich bestimme zehn Schüler, die mit dieser Aufgabe beginnen können. Die übrigen Schüler können sich derweil die zweite Pflichtaufgabe (das Muffinrezept) aus der Lerntheke besorgen. Diese Art der Organisation bzw. Aufteilung trägt außerdem dazu bei, die Arbeit an der Lerntheke etwas zu entzerren. Sobald die Station an den Gruppentischen frei wird, können die nächsten Schüler diese bearbeiten. Dabei weise ich die Kinder darauf hin, dass sie diese Aufgabe wenn möglich in Partnerarbeit bearbeiten sollen, sofern sie ein Kind finden, das mit ihnen zur selben Zeit die Station bearbeiten kann. Durch ein Arbeiten zu zweit können sich die Schüler gegenseitig helfen, sich über Lösungswege austauschen sowie über mathematische Sachverhalte sprechen. Diese Art der Sozialform fördert besonders das kooperative Arbeiten unter den Kindern, sowie das Kommunizieren und Argumentieren über mathematische Gegebenheiten und stärkt zudem ihre soziale Kompetenz.

Als eine weitere Pflichtaufgabe sollen die Schüler das Muffinrezept bearbeiten, das in den anschließenden Unterrichtsstunden zum Backen verwendet wird. Dafür rechnen sie die Rezeptangaben entsprechend der Maßeinheiten auf dem Messbecher um, der für das Backen vorgesehen ist. Hierbei können die Schüler aus Gründen der Differenzierung aus zwei Schwierigkeitsgraden auswählen (mittel (2 Punkte) und schwer (drei Punkte)). Diese Unterteilung entspricht den unterschiedlichen Leistungsvoraussetzungen der Kinder.

Des Weiteren mache ich die Schüler darauf aufmerksam, dass sie nach Beendigung der beiden Pflichtaufgaben ihre Namensklammer an die seitliche Pinnwand hängen können, um zu signalisieren, dass diese durch mich korrigiert werden sollen.

Für alle weiteren Aufgaben bzw. Arbeitsblätter (rot gekennzeichnet) ist es den Schülern freigestellt, ob sie alleine oder mit einem Partner arbeiten möchten. Außerdem können sie selbst entscheiden welche dieser Aufgaben sie bearbeiten möchten und in welcher Reihenfolge. Diese Aufgaben bestehen aus verschiedenen Übungen zum Umrechnen von Hohlmaßen. Ein Arbeitsblatt besteht darin, dass die Schüler verschiedene Aufgaben zum Umrechnen zwischen Litern und Millilitern bearbeiten sowie gleichzeitig die unterschiedlichen Schreibweisen hierzu erproben können. Hierfür können die Schüler ebenfalls aus zwei Schwierigkeitsgraden auswählen. Als weitere Differenzierung steht den Schülern eine etwas offenere gestellte Aufgabe zu Verfügung, die inhaltlich ebenfalls das „Muffinsbacken" thematisiert. Die Bearbeitung dieser Art von Aufgaben fand in vorherigen Unterrichtsstunden schon einige Male seine Anwendung. Trotz dieser Tatsache haben einige Schüler auf diesem Gebiet noch ihre Schwierigkeiten, weshalb ich diesen Aufgabentyp an dieser Stelle lediglich als Differenzierung für die leistungsstärkeren Kinder ausgewählt habe. Nichts desto trotz möchte ich allen Schülern die Möglichkeit bieten sich mit einer solchen Aufgabe auseinanderzusetzen, weshalb für lernschwächere Kinder Tippkärtchen als Hilfe bereitstehen.

Um das spielerische Üben ebenfalls in diese Stunde zu integrieren, steht den Schülern noch ein Memory zum Umrechnen von Hohlmaßen in drei verschiedenen Schwierigkeitsgraden zur Verfügung (ebenfalls durch Punkte gekennzeichnet), welches sowohl symbolische als auch ikonische Darstellungen beinhaltet. Diese

Übungsform hat den Vorteil, dass die Schüler unbewusst üben. Sie ist in dieser Klasse sehr beliebt und wird oft angewandt.

Des Weiteren weise ich die Schüler daraufhin, dass sie nach Bearbeiten der roten Aufgaben eine selbstständige Ergebniskontrolle durchführen sollen. Die dafür vorgesehenen Lösungsblätter sind an der Tafel befestigt.

Nachdem ich den Arbeitsauftrag für alle Kinder erklärt habe, lasse ich diesen von einem Schüler nochmals wiederholen, um sicher zu gehen, dass alle Kinder den Auftrag aufgenommen und verstanden haben.

Eine Alternative wäre gewesen, die Arbeitsphase in Form von Stationen bzw. in Form eines Lernzirkels zu organisieren. Ich bin jedoch der Meinung, dass aufgrund des kollektiven Wechsels von einer Station zur nächsten, nicht jedes Kind gemäß seines individuellen Arbeits- und Lerntempos arbeiten kann. Daher habe ich mich an dieser Stelle für die Methode der Lerntheke entschieden, da zum einen jedes Kind die Möglichkeit hat in seinem eigenen Lerntempo zu arbeiten und zum anderen die Reihenfolge sowie der Schwierigkeitsgrad der zu bearbeitenden roten Aufgaben frei wählbar ist. Dies fördert die Selbstständigkeit und Eigenverantwortung der Schüler. Des Weiteren dient die Lerntheke der Differenzierung und gestaltet gleichzeitig den Unterricht offener.

4.3 Ergebnissicherung / Reflexion

Als Zeichen für die Beendung der Arbeitsphase verwende ich die Klangschale. In einem nächsten Schritt zeige ich den Schülern noch einmal das Muffinrezept aus dem Einstieg. Hierbei erzähle ich ihnen, dass ich mit ihnen gerne noch eine zweite Sorte Muffins backen würde, damit jedes Kind auch zwei Muffins essen kann. Hierfür müssen allerdings noch die restlichen Rezeptangaben entsprechend der Angaben auf dem Messbecher umgerechnet werden, damit dieses Rezept dann ebenfalls zum Backen verwendet werden kann. Dabei schreiben die Schüler die umgewandelten Maßangaben auf das Rezept, welches ihnen als Folie auf dem Overheadprojektor vorliegt.

Der Abschluss dieser Stunde dient somit einerseits der Festigung des Geübten bzw. der Überprüfung des bisher Gelernten. Andererseits wird durch das Aufgreifen des Muffinrezeptes aus der Einstiegsphase der situative Rahmen dieser Stunde geschlossen.

5. Verlaufsplanung zum Thema: Umrechnen von Hohlmaßen (Liter und Milliliter) - eine Übungsstunde

Name:　　　　Fach:　　　　Datum:

　　　　　　　Klasse:　3　　Zeit:

Zeit / Verlaufsform	Lehrertätigkeit und Schülertätigkeit	Sozialform	Kompetenzen	Medien	Bemerkungen
Einstieg ca. 3 min.	> Begrüßung der Kinder. > Schüler werden aufgefordert in den Kinositz zu kommen. > L. erinnert die Schüler an das gemeinsame Vorhaben, in den kommenden Unterrichtsstunden Muffins zu backen und dass sie nun heute noch einige Vorbereitungen dafür getroffen werden müssen.	UG im Kinositz			> Motivierung
Aufgaben- und Problemstellung ca. 10 min.	> L. stellt den Schülern ein mögliches Muffinrezept vor. > L. legt Kärtchen mit ein paar Maßangaben des Rezeptes in die Mitte und stellt einen Messbecher daneben. > Schüler äußern ihre Vermutungen. > Kinder sollen erkennen, dass sie die Maßangaben erst umrechnen müssen, um den Messbecher verwenden zu können, da dieser andere Maßeinheiten anzeigt. > Schüler sollen die Maßangaben korrekt umwandeln, sodass jedes Hohlmaß am Ende in drei verschiedenen Schreibweisen da steht.		> Schüler können ihr Wissen und Können im Umgang mit Größen zur Klärung des Sachverhalts nutzen. > Schüler können Hohlmaße in eine benachbarte Einheit umwandeln.	> Muffinrezept > Maßangaben (Kärtchen) > Blanco Kärtchen > Wachsmalstifte > 2 Messbecher	
Arbeitsphase ca. 25 min.	> Erklärung der Lerntheke. > Schüler sollen aufmerksam zuhören. > Ein Arbeitsblatt zum Ausmessen des Rauminhalts der Schüssel für den Teig ist Pflichtaufgabe für alle Schüler, die sie nacheinander in Partnerarbeit bearbeiten können, sofern die Station frei ist (grün gekennzeichnet).	EA/PA	> Schüler können Rauminhalte ausmessen und die Messergebnisse auf verschiedene Weise darstellen.	> Stationskärtchen > Arbeitsblätter > Memory > Schüsseln > Messbecher	> Arbeitsauftrag von einem Schüler wiederholen lassen.

17

Zeit / Verlaufsform	Lehrertätigkeit und Schülertätigkeit	Sozialform	Kompetenzen	Medien	Bemerkungen
	> Ein weiteres Muffinrezept (das mit den Schülern gemeinsam gebacken werden soll) ist ebenfalls als Pflichtstation gekennzeichnet.	EA/PA	> Schüler können Hohlmaße in verschiedene Einheiten umwandeln.		> Kontrolle durch L.
	> Als Differenzierung stehen für die schnelleren Kinder ein weiteres Arbeitsblatt zum Umrechnen von Hohlmaßen, eine Textaufgabe sowie ein Memory zur Verfügung (rot gekennzeichnet).		> Schüler können ihr Wissen über den strukturellen Zusammenhang von Maßeinheiten bei der Umwandlung von Hohlmaßen anwenden und mit diesen rechnen.	> Lösungsblätter	> Selbstkontrolle
	> Die Arbeitsphase wird durch das Betätigen der Klangschale beendet.				
Ergebnissicherung ca. 7 min.	> L. zeigt den Schülern das Muffinrezept aus dem Einstieg.	Frontal		> Overheadprojektor	> Rahmen der Stunde wird geschlossen.
	> L. erklärt: "Damit jeder von euch 2 Muffins essen kann, backen wir noch eine zweite Sorte Muffins. Dafür müssen wir allerdings noch die restlichen Angaben entsprechend den Messbecherangaben umrechnen."			> Rezept als Folie > Folienstift	
	> Schüler rechnen die Rezeptangaben in die entsprechende Maßeinheit um und notieren sie auf der Folie.		> Schüler können einfache Brüche erklären und umwandeln.		
	> Verabschiedung der Schüler.				

6.   Literaturverzeichnis und weitere Quellenangaben

Literatur

* **Baireuther, P.** (1999): Mathematikunterricht in den Klassen 1 und 2. Donauwörth: Auer-Verlag.

* **Baireuther, P.** (2000): Mathematikunterricht in den Klassen 3 und 4. Donauwörth: Auer-Verlag.

* **Beck, E.** (2007): Weiterentwicklung der Aufgabenkultur im Mathematikunterricht (Skript Fachdidaktik Mathematik).

* **Franke, M.** (2003): Didaktik des Sachrechnens in der Grundschule. Heidelberg, Berlin: Spektrum Akad. Verlag.

* **Krauthausen, G. & Scherer, P.** (2007): Einführung in die Mathematikdidaktik. 3. Auflage. Heidelberg: Spektrum Akad. Verlag.

* **Ministerium für Kultus, Jugend und Sport Baden-Württemberg** (2004). Bildungsplan Grundschule.

* **Radatz, H.; Schipper, W.; Dröge, R. & Ebeling, A.** (1999): Handbuch für den Mathematikunterricht 3. Schuljahr. Hannover: Schroedel Verlag.

Internet

* http://www.duden.de/definition/hohlmaß (06.05.11)

* http://ne.lo-net2.de/selbstlernmaterial/m/s1ar/grho/ho_gw.pdf (06.05.11)

* http://www.frikki.de/mathe/klasse5/hohlmasze1.pdf (06.05.11)

* http://schule-brugg.ch/hallwyler/bezsite/fach/math/theorie/Theorie%201.%20 Klasse.PDF (06.05.11)

7. Anhang

Aufgabenblätter mit Lösungen

Rezept (Zitronen-Kokos-Muffins)

Ist die Schüssel groß genug für unseren Muffinteig?

1. Schätze wie viel **Milliliter** in die Schüssel passen. Trage dein Schätzergebnis in die Tabelle ein.

2. Für unseren Teig brauchen wir eine Schüssel, in die ungefähr 700 ml passen. Ist die Schüssel groß genug dafür?

   → Miss mit dem Messbecher ab wie viel ml in die Schüssel passen.

   → Trage dein Messergebnis in ml, in l und ml und in l (Kommaschreibweise) in die Tabelle ein.

Gefäß	geschätzt	gemessen

Antwortsatz:

_____

3. Vergleiche dein Schätzergebnis mit deinem Messergebnis. Was fällt dir auf?

_____

_____

4. Zeichne dein Messergebnis in den Messbecher ein.

Ist die Schüssel groß genug für unseren Muffinteig?

1. Schätze wie viel **Milliliter** in die Schüssel passen. Trage dein

   Schätzergebnis in die Tabelle ein.

2. Für unseren Teig brauchen wir eine Schüssel, in die ungefähr 700 ml

   passen. Ist die Schüssel groß genug dafür?

   → Miss mit dem Messbecher ab wie viel ml in die

   Schüssel passen.

   → Trage dein Messergebnis in ml, in l und ml und

   in l (Kommaschreibweise) in die Tabelle ein.

Gefäß	geschätzt	gemessen
Schüssel	1000 ml	1650 ml = 1 l 650 ml = 1,65 l

Antwortsatz: Ja, die Schüssel ist groß genug für den Muffinteig.

3. Vergleiche dein Schätzergebnis mit deinem Messergebnis. Was fällt dir auf?

   1650 ml – 1000 ml = 650 ml. Ich habe mich um 650 ml verschätzt.

   Ich habe nicht so gut geschätzt.

Zeichne dein Messergebnis in den Messbecher ein.

Bananen-Schoko-Muffins

1. Unser Messbehälter zeigt nur **Liter** und **Kilogramm** in **Kommaschreibweise** an. Rechne um.

<u>Zutaten fü|r 24 S{tück:</u>
500 g Mehl _____

4 T{eel. B{ackpul|vå|r

1 T{eel. N{at|rîî

½ T{eel. Zi|mtpul|vå|r

6 Essl. Kakaoðul|vå|r

250 ml neut|ràles Ö{l _____

2 Eier

0 l 30 ml F{lüssig|zucke|r _____

150 ml B{utte|ríílch _____

125 ml B{a|na|nen|milch... _____

0 l 50 ml S{ah|ne _____

5 B{a|na|ne|n

F{ü|r die V{e|rûie|ru|ng:

400 g V{oìl|mil|ch-Ku|vå|rôü|rå _____

et|wà 200 S{|ma|rôies

Lösung:

500 g Mehl = 0,5 kg

4 T{eel. B{ackpul|vå|r

1 T{eel. N{at|rîî

½ T{eel. Zi|mtpul|vå|r

6 Essl. Kakaoðul|vå|r

250 ml neut|ràles Ö{l = 0,25 l

2 Eier

0 l 30 ml F{lüssig|zucke|r = 0,03 l

150 ml B{utte|ríílch = 0,15 l

125 ml B{a|na|nen|milch = 0,125 l

0 l 50 ml S{ah|ne = 0,05 l

5 B{a|na|ne|n

F{ü|r die V{e|rûie|ru|ng:

400 g V{oìl|mil|ch-Ku|vå|rôü|rå = 0,4 kg

et|wà 200 S{|ma|rôies

Bananen-Schoko-Muffins

1. Unser Messbehälter zeigt nur **Liter** und **Kilogramm** in **Kommaschreibweise** an. Rechne um.

Zutaten fü|r 24 S{tück:

½ kg Mehl _____

4 T{eel. B{ackpul|vå|r _____

1 T{eel. N{at|rîî _____

½ T{eel. Zi|mtpul|vå|r _____

6 Essl. Kakaoðul|vå|r _____

¼ l neut|ràles...Ö{l _____

2 Eier _____

30 ml F{lüssig|zucke|r _____

150 ml B{utte|ríilch _____

125 ml B{a|na|ne|n|milch_____

50 ml S{ah|ne _____

5 Bananen _____

F{ü|r die V{e|rûie|ru|ng:

400 g V{oìl|milch-Ku|vå|rôü|rå _____

et|wà 200 S{|ma|rôies _____

Llösung:

½ kg Mehl = 0,5 kg

4 T{eel. B{ackpul|vå|r

1 T{eel. N{at|rîî

½ T{eel. Zi|mtpul|vå|r

6 Essl. Kakaoðul|vå|r

¼ l neut|ràles...Ö{l = 0,25 l

2 Eier

30 ml F{lüssig|zucke|r = 0,03 l

150 ml B{utte|ríilch = 0,15 l

125 ml B{a|na|ne|n|milch = 0,125 l

50 ml S{ah|ne = 0,05 l

5 Bananen

F{ü|r die V{e|rûie|ru|ng:

400 g V{oìl|milch-Ku|vå|rôü|rå = 0,4 kg

et|wà 200 S{|ma|rôies

Zitronen-Kokos-Muffins

1. Ein paar Messbehälter sind aus der Schule. Sie zeigen nur **Kommaangaben** in **Liter** und in **Kilogramm** an. Rechne um.

Zutaten für 24 Stück:
½ kg Mehl _____

4 Teel. Backpulver _____

1 Teel. Natron _____

2 Messerspitzen Muskatnuss _____

1 Päckchen Zitronenpulver _____

¼ l neutrales Öl _____

2 Eier _____

25 ml Flüssigzucker _____

500 ml Buttermilch _____

125 ml Kokosmilch _____

15 ml Zitronensaft _____

Für die Verzierung:

300 g Puderzucker _____

4 Essl. Kokosflocken _____

30 ml Zitronensaft _____

2. Vielleicht möchte unsere Parallelklasse auch etwas von den Muffins abbekommen. Rechne mal lieber die Zutaten für die **doppelte Menge** aus. Schreibe in l und **kg**.

Mehl: _____

Backpulver: _____

Natron: _____

Muskatnuss: _____

Zitronenpulver: _____

Neutrales Öl: _____

Eier: _____

Flüssigzucker: _____

Buttermilch: _____

Kokosmilch: _____

Zitronensaft: _____

Puderzucker: _____

Kokosflocken: _____

Zitronensaft: _____

Zitronen-Kokos-Muffins

1. Ein paar Messbehälter sind aus der Schule. Sie zeigen nur **Kommaangaben** in **Liter** und in **Kilogramm** an. Rechne um.

Zutaten für 24 Stück:

500 g Mehl = 0,500 kg Mehl

4 Teel. Backpulver

1 Teel. Natron

2 Messerspitzen Muskatnuss

1 Päckchen Zitronenpulver

$\frac{1}{4}$ l neutrales Öl = 0,25 l neutrales Öl

2 Eier

25 ml Flüssigzucker = 0,025 l Flüssigzucker

$\frac{1}{2}$ l Buttermilch = 0,5 l Buttermilch

125 ml Kokosmilch = 0,125 l Kokosmilch

20 ml Zitronensaft = 0,020 l Zitronensaft

Für die Verzierung:

300 g Puderzucker = 0,300 kg Puderzucker

4 Essl. Kokosflocken

25 ml Zitronensaft = 0,025 l Zitronensaft

2. Vielleicht möchte unsere Parallelklasse auch etwas von den Muffins abbekommen. Rechne mal lieber die Zutaten für die **doppelte Menge** aus. Schreibe in **l** und **kg**.

Mehl: 1 kg

Backpulver: 8 Teel.

Natron: 2 Teel.

Muskatnuss: 4 Messerspitzen

Zitronenpulver: 2 Päckchen

Neutrales Öl: 0,400 l

Eier: 4

Flüssigzucker: 0,050 l

Buttermilch: 1,200 l

Kokosmilch: 0,250 l

Zitronensaft: 0,040 l

Puderzucker: 0,600 kg

Kokosflocken: 8 Essl.

Zitronensaft: 0,050 l

Muffins für den Kindergeburtstag

In zwei Tagen hat Tina Geburtstag und sie möchte zusammen mit ihrer Mutter Muffins für ihre Freunde backen.

Laut Rezept braucht sie für 12 Muffins: 375 g Mehl, 2 Eier, 10 g Backpulver, 125 g Zucker, 90 ml neutrales Öl, $\frac{1}{4}$ l Milch, 150 g Himbeeren und 0,050 l Himbeersaft.

Sie schaut auf ihre Einkäufe und überprüft, ob von allem genügend da ist. Auf der Flasche Öl steht 0,75 l. Im Kühlschrank ist noch ein Rest Milch. Tinas Mutter meint, da wären noch 100 ml drin. Aber sie hat ja zum Glück auch noch 1 Liter Milch gekauft. Über den Himbeersaft freut sich Tina besonders. Auf der Packung steht nämlich 500 ml und da bleibt dann sicher ein Rest zum Trinken.

Tina holt eine Schüssel aus dem Küchenschrank und los geht's!

Hier hast du Platz für deine Rechnungen. Schreibe auch immer die passende Frage und die Antwort dazu!

F: _____

R: _____

A: _____

_____

_____

_____

_____

_____

_____

_____

_____

Brauchst du eine kleine Hilfe? Dann hole dir ein Tippkärtchen!

Tippkärtchen:

Wie viel Milliliter Öl bleiben noch in der Flasche?

Wie viel Himbeersaft bleibt für Tina zum Trinken übrig?

Wie viel Milliliter bleiben in der neuen Packung Milch noch übrig?

ie viel Milliliter muss Tina aus der neuen Packung Milch noch hinzufügen?

Muffins für den Kindergeburtstag

In zwei Tagen hat Tina Geburtstag und sie möchte zusammen mit ihrer Mutter Muffins für ihre Freunde backen.
Laut Rezept braucht sie für 12 Muffins: 375 g Mehl, 2 Eier, 10 g Backpulver, 125 g Zucker, 90 ml neutrales Öl, $\frac{1}{4}$ l Milch, 150 g Himbeeren und 0,050 l Himbeersaft.
Sie schaut auf ihre Einkäufe und überprüft, ob von allem genügend da ist. Auf der Flasche Öl steht 0,75 l. Im Kühlschrank ist noch ein Rest Milch. Tinas Mutter meint, da wären noch 100 ml drin. Aber sie hat ja zum Glück auch noch 1 Liter Milch gekauft.
Über den Himbeersaft freut sich Tina besonders. Auf der Packung steht nämlich 500 ml und da bleibt dann sicher ein Rest zum Trinken.
Tina holt eine Schüssel aus dem Küchenschrank und los geht's!

Hier hast du Platz für deine Rechnungen. Schreibe auch immer die passende Frage und die Antwort dazu!

Das sind mögliche Aufgaben und Lösungen.

F: Wie viel Milliliter Öl bleiben noch in der Flasche?

R: 0,75 l = 750 ml -> 750 ml - 90 ml = 660 ml

A: Es bleiben 660 ml Öl übrig.

F: Wie viel Milliliter muss Tina aus der neuen Packung Milch noch hinzufügen?
R: $\frac{1}{4}$ l = 250 ml -> 250 ml - 100 ml = 150 ml
A: Tina muss noch 150 ml hinzufügen.
F: Wie viel Milliliter bleiben in der neuen Packung Milch noch übrig?
R: 1 l = 1000 ml -> 1000 ml - 150 ml = 850 ml.
A: Die Packung Milch enthält dann noch 850 ml.
F: Wie viel Himbeersaft bleibt für Tina zum Trinken übrig?
R: 0,050 l = 50 ml -> 500 ml - 50 ml = 450 ml
A: Tina kann noch 450 ml Himbeersaft trinken.

Falls ihr zuhause ein anderes Muffinrezept backen möchtet,
müsst ihr vielleicht auch manche Zutaten umrechnen. Das könnt
ihr hier noch einmal üben.

1. Schreibe in **Liter**.

250 ml = _____
125 ml = _____
1200 ml = _____
50 ml = _____
750 ml = _____

2. Schreibe in **Milliliter**.

0,100 l = _____
0,720 l = _____
1,500 l = _____
0,025 l = _____
2,5 l = _____

3. Schreibe in **Liter und Milliliter**.

0,5 l = _____
1,300 l = _____

1500 ml = _____
2750 ml = _____

Falls ihr zuhause ein anderes Muffinrezept backen möchtet,
müsst ihr vielleicht auch manche Zutaten umrechnen. Das könnt
ihr hier noch einmal üben.

1. Schreibe in **Kommaschreibweise**

$\frac{1}{4}$ l = _____
125 ml = _____
1200 ml = _____
50 ml = _____
$\frac{3}{4}$ l = _____

2. Schreibe in **Milliliter**.

0,1 l = _____
0,72 l = _____
1,5 l = _____
0,025 l = _____
2,5 l = _____

3. Schreibe in **Liter und Milliliter**.

$\frac{1}{2}$ l = _____
1,3 l = _____

0,04 l = _____
2750 ml = _____

Falls ihr zuhause ein anderes Muffinrezept backen möchtet,
müsst ihr vielleicht auch manche Zutaten umrechnen. Das könnt
ihr hier noch einmal üben.

1. Schreibe in **Liter**.

250 ml = 0,250 l

125 ml = 0,125 l

1200 ml = 1,200 l

50 ml = 0,050 l

750 ml = 0,750 l

2. Schreibe in **Milliliter**.

0,100 l = 100 ml

0,720 l = 720 ml

1,500 l = 1500 ml

0,025 l = 25 ml

2,5 l = 2500 ml

3. Schreibe in **Liter und Milliliter**.

0,5 l = 0 l 500 ml

1,300 l = 1 l 300 ml

1500 ml = 1 l 500 ml

2750 ml = 2 l 750 ml

Falls ihr zuhause ein anderes Muffinrezept backen möchtet,
müsst ihr vielleicht auch manche Zutaten umrechnen. Das könnt
ihr hier noch einmal üben.

1. Schreibe in **Kommaschreibweise**

$\frac{1}{4}$ l = 0,25 l

125 ml = 0,125 l

1200 ml = 1,2 l

50 ml = 0,05 l

$\frac{3}{4}$ l = 0,75 l

2. Schreibe in **Milliliter**.

0,1 l = 100 ml

0,72 l = 720 ml

1,5 l = 1500 ml

0,025 l = 25 ml

2,5 l = 2500 ml

3. Schreibe in **Liter und Milliliter**.

$\frac{1}{2}$ l = 0 l 500 ml

1,3 l = 1 l 300 ml

0,04 l = 0 l 40 ml

2750 ml = 2 l 750 ml

Zitronen-Kokos-Muffins

<u>Zutaten für 24 Stück</u>

½ kg Mehl

4 Teel. Backpulver

1 Teel. Natron

2 Messerspitzen Muskatnuss

1 Päckchen Zitronenpulver

¼ l neutrales Öl

2 Eier

25 ml Flüssigzucker

500 ml Buttermilch

125 ml Kokosmilch

15 ml Zitronensaft

Für die Verzierung:

300 g Puderzucker

4 Essl. Kokosflocken

30 ml Zitronensaft

.